TECNOLOGÍA

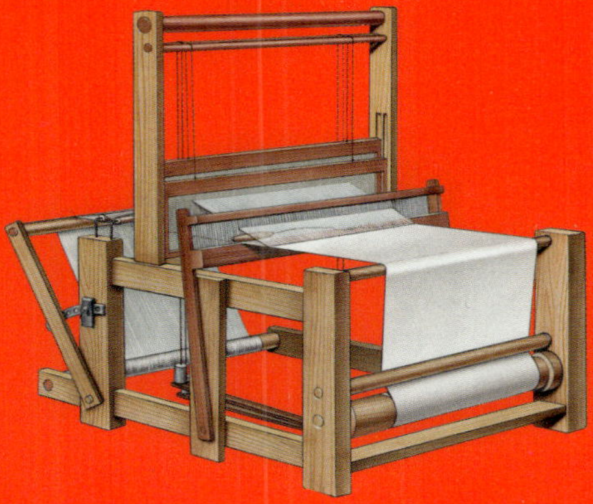

LAS MÁQUINAS

Parramón

Proyecto y realización
Parramón Ediciones, S.A.

Dirección editorial
Lluís Borràs

Ayudante de edición
Cristina Vilella

Textos
Néstor Navarrete

Diseño gráfico y maquetación
Estudi Toni Inglés

Ilustraciones
Estudio Marcel Socías

Dirección de producción
Rafael Marfil

Producción
Manel Sánchez

Primera edición: febrero 2004

Tecnología. Las máquinas
ISBN: 84-342-2608-1

Depósito Legal: B-49.104-2003

Impreso en España

Ronda de Sant Pere, 5, 4ª planta
08010 Barcelona (España)
Empresa del Grupo Editorial Norma

www.parramon.com

SUMARIO

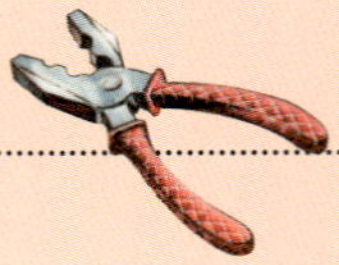

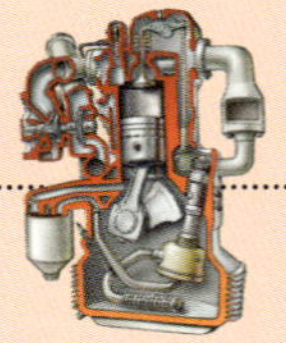

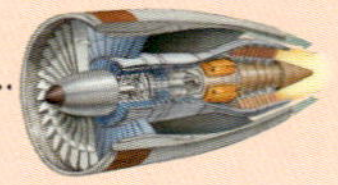

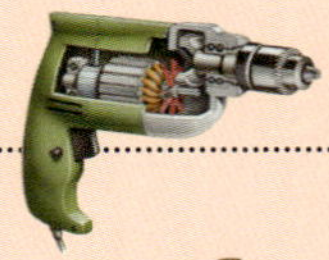

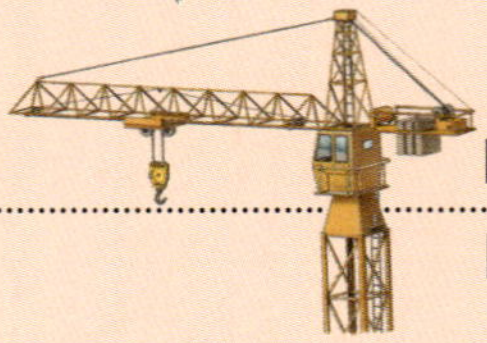

MARAVILLOSOS INGENIOS

El propósito de este magnífico volumen es mostrar algunos esfuerzos significativos de los seres humanos en el camino que los ha llevado a inventar desde las más sencillas hachas de piedra hasta las sofisticadas máquinas de precisión actuales. Esta obra no tiene la pretensión de hacer una historia de las máquinas y las herramientas, sino más bien la de presentar una visión panorámica de ellas.

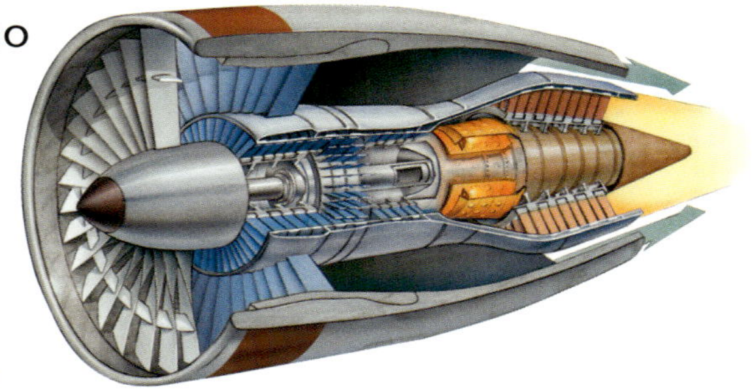

Se trata, en algunos casos, de que los jóvenes lectores descubran algunas herramientas que eran muy populares hasta hace pocos años y que en buena medida permiten entender el funcionamiento de sus más sofisticadas sucesoras. En otros, en cambio, la intención es mostrar los detalles ocultos, pero importantes, de máquinas con las que se relacionan en la vida cotidiana, aunque no sean conscientes de ello.

Por último, presentamos algunas máquinas bien por la importancia que tienen, o han tenido, en el desarrollo tecnológico de la humanidad, o bien porque representaron un papel determinante en alguno de los grandes saltos socioeconómicos que se han producido en los tres últimos siglos.

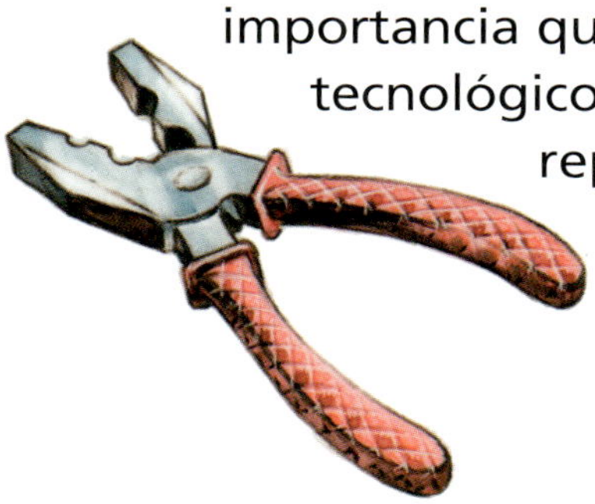

¡BUEN TRABAJO!

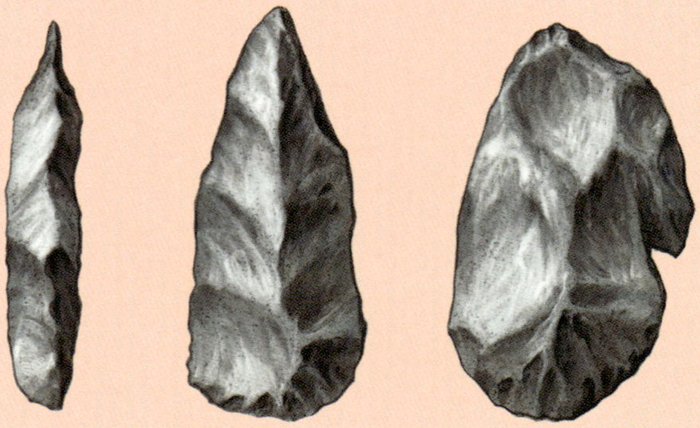

Al contrario de lo que se piensa, las herramientas de sílex no eran instrumentos burdos, sino que llegaron a ser muy especializados.

UN TOQUE DE DISTINCIÓN

Durante centenares de miles de años los antecesores más próximos del *Homo Sapiens* –la especie de primates a la que pertenecemos– no se diferenciaban mucho en su comportamiento del resto de mamíferos superiores, excepto en una cosa que hacían mejor que cualquier otra especie: sabían cómo utilizar algunos instrumentos naturales como palos, huesos o piedras, para realizar con mayor facilidad ciertas tareas cotidianas como cazar, pescar o recolectar determinados tipos de frutos, raíces o insectos. No era la única especie capaz de hacerlo, pero su habilidad para perfeccionar esas herramientas primitivas y su capacidad para transmitir los conocimientos adquiridos por la experiencia demostró ser incomparablemente superior a la de cualquier otro animal.

Las herramientas de piedra llegaron a ser instrumentos muy perfeccionados que se adaptaron de modo específico a diferentes clases de trabajos, y lo mismo puede decirse de las fabricadas en hueso o en madera, aunque estos materiales han resistido peor el paso del tiempo y son más difíciles de encontrar. La conquista del fuego fue el segundo pilar sobre el que se basó lo que hoy entendemos como tecnología, pues permitió mejorar la producción de herramientas y el descubrimiento de nuevos materiales como la tierra cocida para producir enseres domésticos y los ladrillos. Pero este hallazgo sobre todo condujo, al cabo de miles de años, a la fundición de los metales, un gran salto en la tecnología que llevó a los pueblos que la utilizaron primero a un nivel de desarrollo desconocido hasta entonces.

MÁQUINAS SIMPLES PARA TRABAJOS COLOSALES

Resulta sorprendente que monumentos tan imponentes y duraderos como las pirámides de Egipto, los templos griegos y romanos, las ciudades incaicas o las pirámides y templos mayas y aztecas fueran construidos con herramientas muy sencillas y aplicaciones de las máquinas simples como la polea, el plano inclinado o las palancas. Sin embargo, es bastante comprensible si

Esta báscula, llamada romana, es una de las aplicaciones más antiguas conocida de las leyes matemáticas de las palancas.

El aprovechamiento de materias primas como la lana requirió el desarrollo de técnicas e instrumentos específicos, como la rueda de hilar.

pensamos que los conocimientos matemáticos de esos pueblos de la antigüedad ya les permitían teorizar sobre el funcionamiento de esas máquinas y realizar cálculos para planificar su construcción y puesta en marcha. Fueron los primeros pasos, con resultados maravillosos, de la colaboración entre ciencia y tecnología que desde entonces no haría más que estrecharse hasta convertirse una, la tecnología, en consecuencia de la otra, la ciencia.

Pero también durante el desarrollo de esas grandes civilizaciones se descubrió que los avances tecnológicos no siempre se llevan a la práctica cuando los conocimientos científicos y técnicos lo hacen posible, pues muchas veces las condiciones sociales, económicas y políticas los retrasan o los impiden. Así, por ejemplo, algunas sorprendentes máquinas hidráulicas de Arquímedes y otras que aprovechaban la fuerza del vapor, ideadas por Herón de Alejandría, no pasarían, en el mejor de los casos, de ser simples curiosidades, en sociedades que tenían en la mano de obra esclava su principal fuerza motriz.

EL MAQUINISMO, O LA ACELERACIÓN DE LA HISTORIA

Durante las grandes civilizaciones de la antigüedad se refinaron las herramientas que a lo largo de cientos de miles de años habían ido apareciendo y se completaron con algunas nuevas que sólo el uso de los metales hacían posibles o necesarias. A partir de entonces, y hasta finales del siglo XVI, fueron pocas las nuevas herramientas o máquinas inventadas, si exceptuamos las de guerra, pero destaca la imprenta de tipos móviles ideada por Gutenberg en 1454. En Europa, los últimos siglos de la Edad Media y el Renacimiento fueron un período de recuperación de conocimientos antiguos semiolvidados, durante los que se sentaron las bases para la aparición del método científico, una herramienta teórica sin la cual

La primera aplicación de la máquina de vapor al transporte se hizo en la navegación fluvial y, poco después, en la marítima.

Este automóvil de tres ruedas, construido por el francés Cugnot en 1771, utilizaba la energía del vapor, producida por la caldera, para moverse.

hubiera sido imposible el espectacular desarrollo que verían los siglos inmediatamente posteriores.

Como consecuencia de la revolución agrícola del siglo XVII, que se debió al uso de fertilizantes y a la mejora de las herramientas agrarias, una parte de la población campesina europea emigró a las ciudades y aparecieron grandes talleres manufactureros que sustituían los pequeños negocios artesanales. Eran éstas, sin duda, las condiciones ideales para aplicar los inventos que heredaron las ideas de Arquímedes y Herón de Alejandría. La máquina de vapor de Watt tuvo una espectacular carrera desde el primer prototipo que presentó en 1770. En 1787 ya impulsaba barcos y en 1814 propulsaba una locomotora, pero su uso más generalizado se daba en las fábricas textiles, donde proveía la fuerza para mover nuevos telares que trabajaban día y noche. Este invento permitió una revolución industrial que, con diversos episodios, ha configurado la manera de vivir de la mayoría de los habitantes del planeta en los dos últimos siglos.

NUEVOS MOTORES, MÁS PEQUEÑOS Y MÁS POTENTES

La máquina de vapor resolvió aceptablemente bien las necesidades de los primeros tiempos de la revolución industrial, pero los ingenieros y mecánicos de la época empezaron a investigar sobre nuevas máquinas capaces de sustituirla. Así, en 1876 el ingeniero alemán Nikolaus Otto construyó el motor que se convertiría en prototipo y modelo de los motores de explosión alimentados con gasolina. Tan sólo un año más tarde, en 1892, otro alemán, Rudolf Diesel, creó un motor de combustión interna que funcionaba por principios diferentes a los de Otto que, tras continuos perfeccionamientos, acabó por ser el favorito para impulsar grandes vehículos de transporte y maquinaria pesada.

The Rocket, la locomotora construida por Stephenson en 1829, fue la ganadora de la competición para explotar la primera línea férrea entre Manchester y Liverpool.

Con este monoplano de ala alta, el piloto francés Blériot logró en 1909 una de las primeras hazañas de la aviación: cruzar el Canal de la Mancha.

La cremallera vivió un largo proceso de perfeccionamiento hasta que se incorporó, en 1918, a las prendas de vestir.

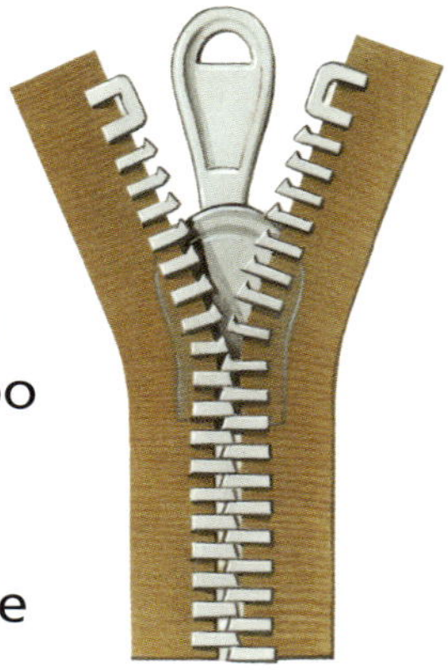

Pero, aunque no lo parezca, el motor más utilizado es el eléctrico, que impulsa desde relojes y diminutos juguetes hasta satélites espaciales. Este tipo de motor también es el responsable de que los automóviles arranquen y de que funcione toda la gama de los aparatos electrodomésticos. Sus representantes más gigantescos son el corazón de la industria, ya que la electricidad ha sido la protagonista de la segunda revolución industrial que se inició en el siglo XIX y que tuvo en el siglo XX su período de máximo esplendor.

MÁQUINAS AUTOMÁTICAS PARA LA TERCERA REVOLUCIÓN INDUSTRIAL

Las últimas fases de la industrialización se han caracterizado por la extraordinaria especialización de la maquinaria empleada, así como por la imparable tendencia hacia la automatización. Esta corriente es, en buena medida, una consecuencia de la producción en serie y de la utilización de las cadenas de montaje como principal forma de fabricación. Sin embargo, las últimas décadas del siglo XX y la primera del XXI han visto surgir nuevas formas de actividad económica, basadas principalmente en las telecomunicaciones y en la manipulación biológica, que requieren sofisticadas herramientas electrónicas dirigidas por procesos informáticos cada vez más sofisticados.

En el futuro próximo será cada vez más corriente que algunos peligrosos y complicados procesos de producción se realicen mediante programas de realidad virtual, que los robots industriales tengan más autonomía según aparezcan nuevas generaciones y se desarrollen nuevas aplicaciones de la inteligencia artificial, y que muchos procesos de industrias como la farmacéutica y la alimentaria puedan realizarlos las nanomáquinas, esto es, máquinas que no sobrepasan el tamaño de una célula viva.

Aunque la primera patente para una máquina de escribir se solicitó en 1714, fue durante los siglos XIX y XX cuando éstas tuvieron su época de esplendor.

EL PODER DE LO SENCILLO

Se llaman máquinas simples a algunos instrumentos sencillos que modifican las fuerzas, aumentándolas, disminuyéndolas o cambiándoles la dirección o el sentido en el que trabajan. Tradicionalmente se consideran como tales las palancas, la polea y el torno, que trabajan apoyándose en un solo punto; y el plano inclinado, el tornillo y la cuña, que trabajan apoyándose en toda una superficie. Todas ellas son muy antiguas, pero se desconoce la fecha exacta en la que empezaron a utilizarse.

plano inclinado
máquina simple que permite elevar pesos con un esfuerzo menor que si se hiciese izándolos. La fuerza aplicada es menor cuanto más largo es el plano

INDISPENSABLE EN UNA OBRA PARA LA ETERNIDAD

El plano inclinado, en combinación con rodillos de madera, fue el medio empleado para colocar en su sitio los enormes bloques de piedra con los que se construyeron las pirámides de Egipto, por lo que, durante las obras, algunos terraplenes podían tener varios kilómetros de largo.

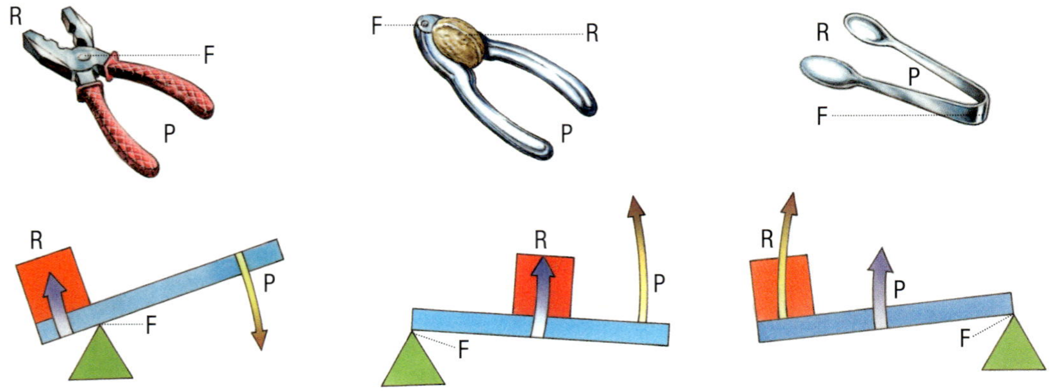

palanca de primer género

palanca de segundo género

palanca de tercer género

P = potencia o fuerza aplicada **R** = resistencia **F** = fulcro o punto de apoyo

Dadme una palanca y un punto de apoyo y moveré el mundo

Cuando Arquímedes hizo esta afirmación, se refería a una palanca de primer género, pero las de segundo y tercero también tienen interesantes aplicaciones.

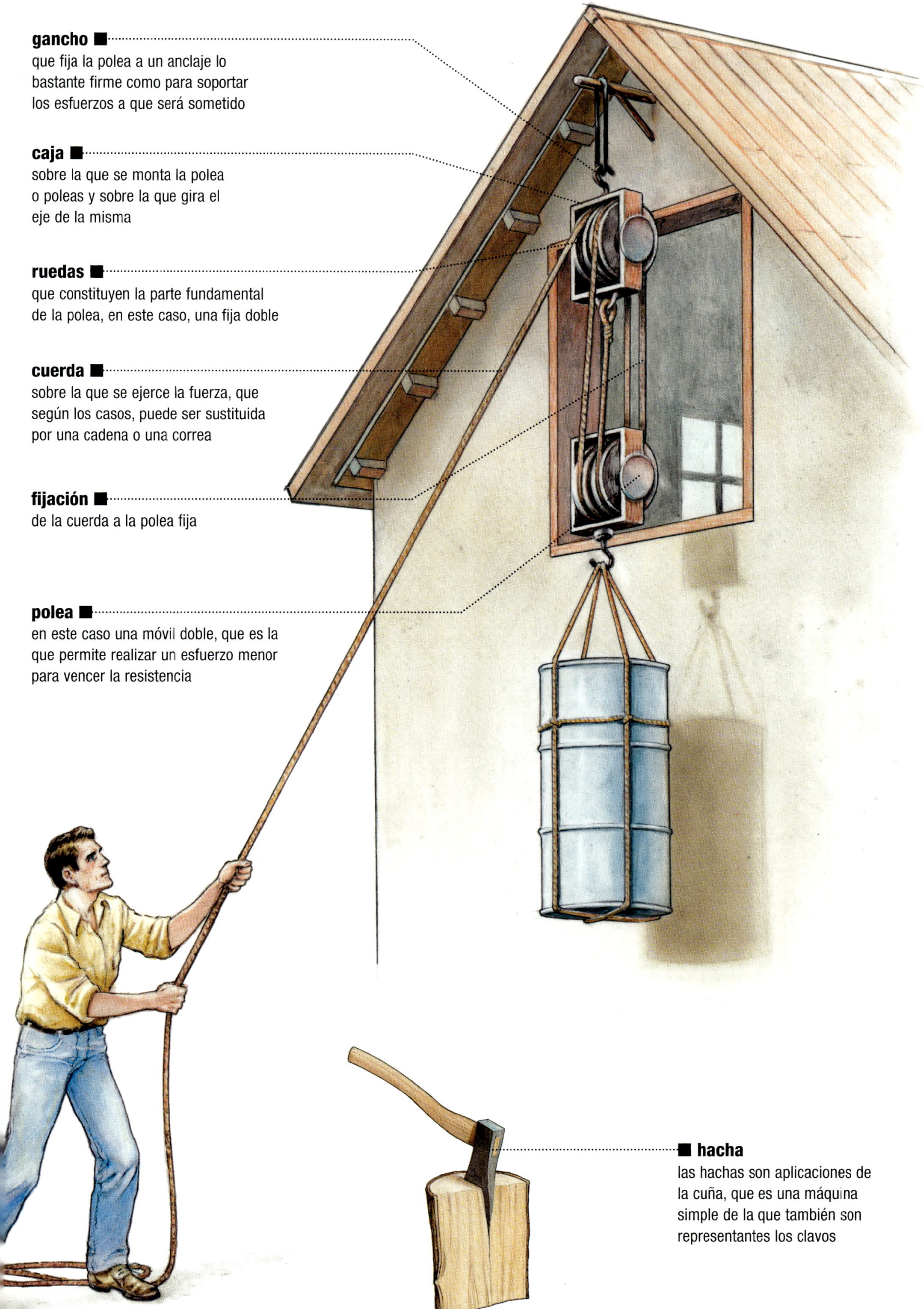

gancho ■ que fija la polea a un anclaje lo bastante firme como para soportar los esfuerzos a que será sometido

caja ■ sobre la que se monta la polea o poleas y sobre la que gira el eje de la misma

ruedas ■ que constituyen la parte fundamental de la polea, en este caso, una fija doble

cuerda ■ sobre la que se ejerce la fuerza, que según los casos, puede ser sustituida por una cadena o una correa

fijación ■ de la cuerda a la polea fija

polea ■ en este caso una móvil doble, que es la que permite realizar un esfuerzo menor para vencer la resistencia

■ **hacha** las hachas son aplicaciones de la cuña, que es una máquina simple de la que también son representantes los clavos

UNA FANTÁSTICA VARIEDAD Y UTILIDAD

Una de las cosas que siempre ha sorprendido a los arqueólogos es la gran variedad de herramientas de piedra y hueso que se encuentran en los yacimientos arqueológicos más antiguos. Esa tendencia a fabricar instrumentos muy especializados para cada labor se ha mantenido hasta el presente, dando lugar a una enorme variedad de herramientas, tanto manuales como motorizadas, muy adaptadas a tareas específicas dentro de cada uno de los oficios tradicionales.

Un acierto duradero del diseño industrial

El martillo de carpintero que aún se utiliza corrientemente, es uno de los diseños más acertados entre los de las herramientas manuales tradicionales. La forma de la cabeza metálica, apta para golpear pero también para arrancar clavos al ejercer palanca, se potencia con el largo y fuerte mango de madera.

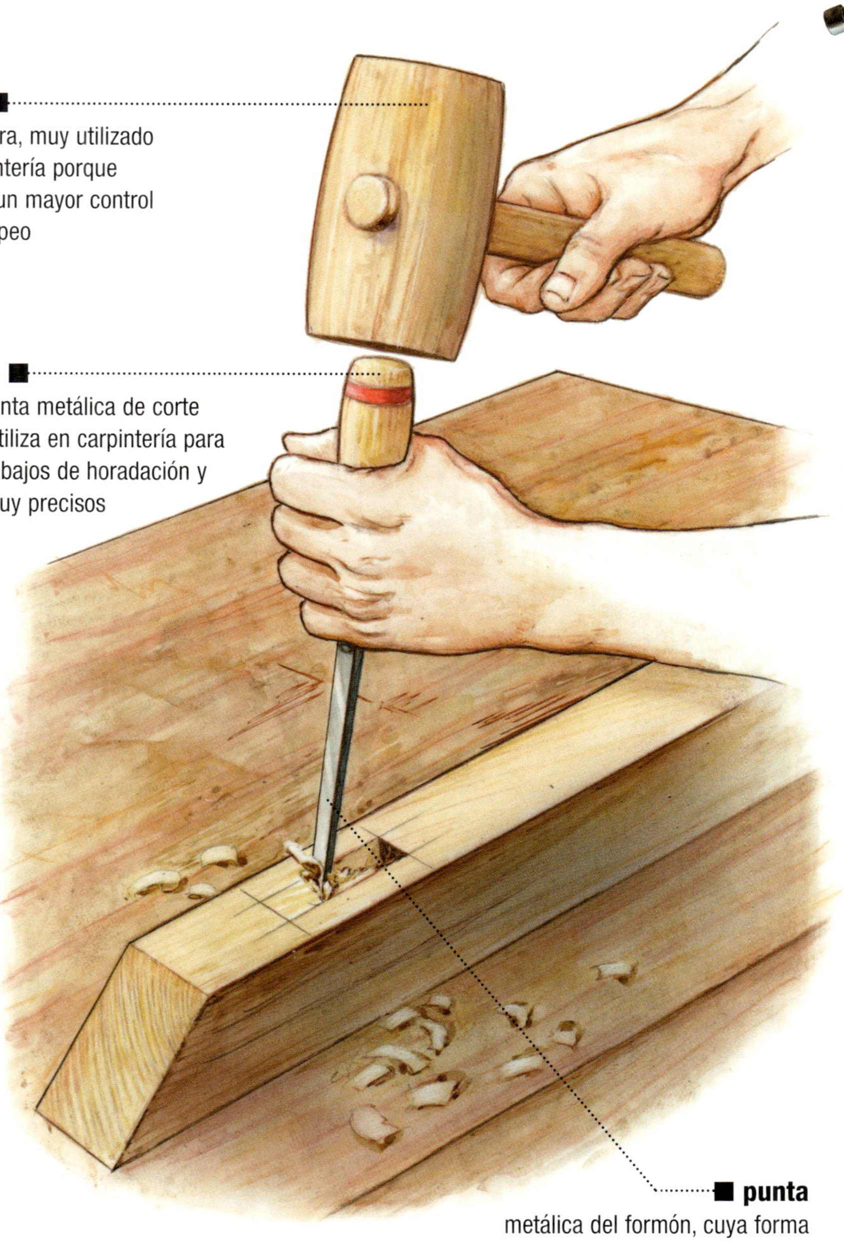

mazo
de madera, muy utilizado en carpintería porque permite un mayor control en el golpeo

formón
herramienta metálica de corte que se utiliza en carpintería para hacer trabajos de horadación y rebaje muy precisos

punta
metálica del formón, cuya forma hace posible trabajos delicados de ebanistería decorativa

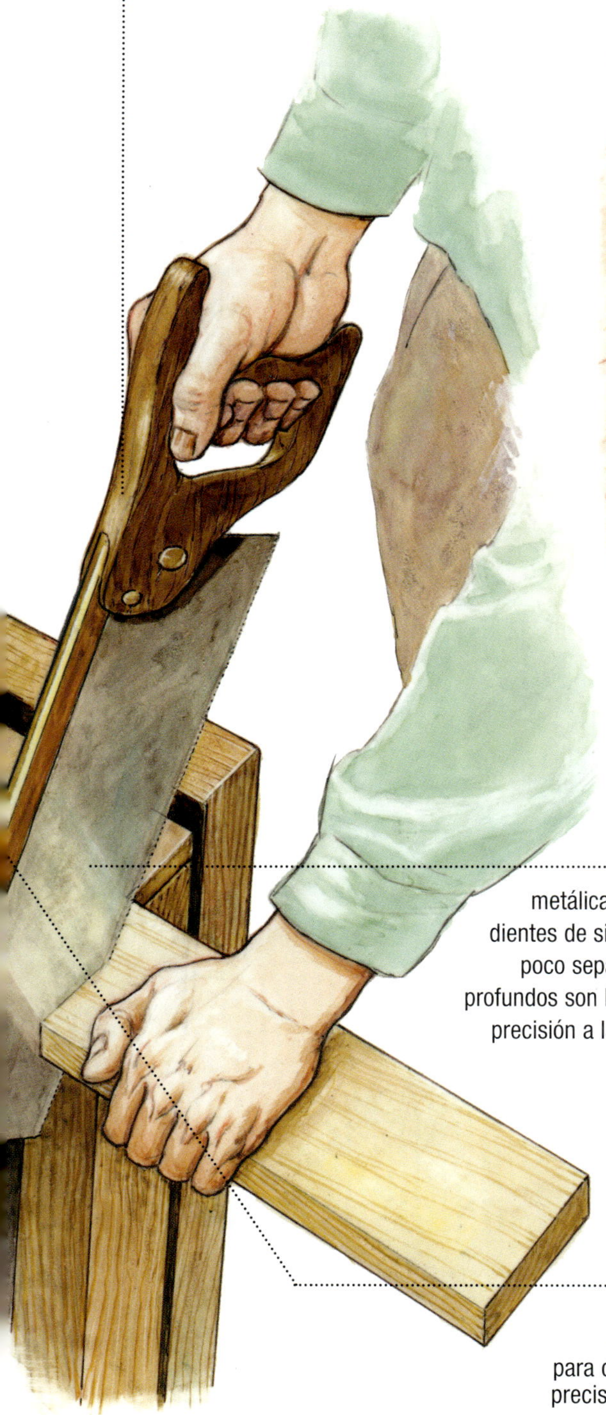

empuñadura
de madera o de material plástico, que permite un gran control sobre el trabajo de la hoja

hoja
metálica dentada. Los dientes de sierra, afilados, poco separados y poco profundos son los que dan la precisión a la herramienta

sierra
de costilla, que se utiliza para obtener cortes precisos en madera

CÓMO TRABAJAN

Entre las herramientas manuales encontramos aquellas que trabajan golpeando, como los mazos, las hachas y los martillos; otras lo hacen por contacto, como las sierras o los punzones; algunas cortan, otras rebajan o perforan; las hay especializadas en sujetar, como las prensas o las tenazas, o en medir, como la cinta métrica, el pie de rey o los calibradores; mientras que otras sirven para colocar o quitar piezas, como los destornilladores o las llaves inglesas.

UNA “OLLA A PRESIÓN” QUE CAMBIÓ EL MUNDO

Antes de que se inventara la máquina de vapor, los seres humanos habían aprendido a utilizar la fuerza del viento y del agua corriente para impulsar molinos y telares, pero eso obligaba a instalar los talleres en lugares alejados de los centros de consumo. La máquina de vapor procuró autonomía a las fábricas, que a partir de entonces pudieron instalarse más cerca de los mercados y de los nudos de comunicaciones. Así comenzó la primera revolución industrial.

UNA LARGA HISTORIA

Se sabe que Herón de Alejandría construyó numerosos mecanismos impulsados por el vapor de agua, a principios de la era cristiana, pero no fue hasta el siglo XVII cuando la necesidad de achicar el agua de unas explotaciones mineras cada vez más profundas hizo que físicos, como el francés Papin, en 1679, volvieran a interesarse por la fuerza del vapor, interés que desembocó, tras muchas pruebas, en la máquina de vapor que perfeccionó James Watt en 1782.

volante ■
conectado mediante un engranaje al cigüeñal, que transmite el movimiento del pistón. Su movimiento era aprovechado por los telares o molinos

circuito ■
de refrigeración, que contiene agua fría y envuelve al condensador

bomba ■
de agua fría, que aprovecha el movimiento del cigüeñal para bombear agua fría al circuito de refrigeración

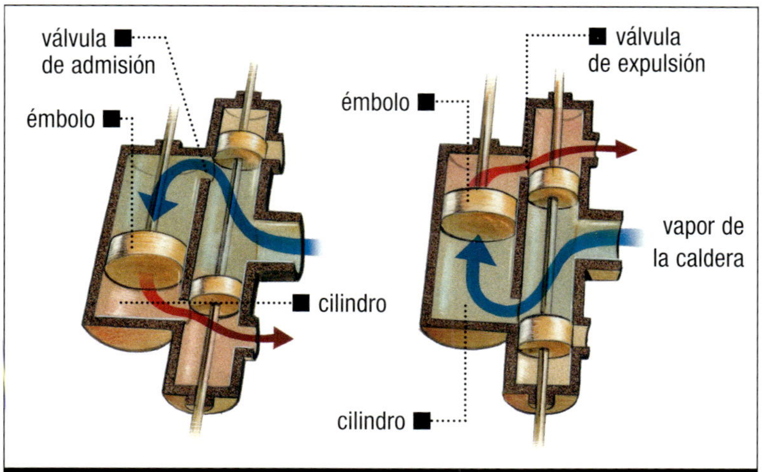

Del movimiento caótico al movimiento útil

La energía del vapor de agua proviene de la extraordinaria movilidad de sus moléculas, pero al tratarse de un movimiento caótico es difícilmente aprovechable. En el cilindro o los cilindros, de una máquina de vapor, esa energía se transforma en el movimiento lineal del pistón, que puede utilizarse para cualquier cosa.

pistón
cuando el vapor muy caliente que proviene de la caldera entra en el cilindro, impulsa el pistón

cilindro
en el que se mueve el pistón impulsado por el vapor, que a su vez mueve el resto del sistema

válvulas
de admisión y de escape del vapor. Se abren y cierran alternativamente, lo que permite la circulación del vapor desde el lugar más caliente, esto es, la caldera, hacia el más frío, es decir, el condensador

caldera
es una especie de "olla a presión" en la que se produce el vapor que mueve los pistones. El combustible empleado va desde la leña de los primeros tiempos, hasta el gas natural de las más recientes, pasando por el carbón y el gasóleo

condensador
depósito al que llega el vapor de agua ya utilizado que, gracias a la refrigeración por agua corriente, vuelve a su estado líquido, disminuyendo su volumen y creando un vacío relativo

UN DESCONOCIDO QUE LO MUEVE TODO

En un hogar corriente es fácil que existan, al menos, tres o cuatro motores eléctricos. Electrodomésticos como las neveras, lavadoras, picadoras, batidoras, molinillos o aspiradoras funcionan gracias a ellos, pero también llevan un motor todos los juguetes teledirigidos. Unos son de corriente alterna y otros, los movidos por pilas, de corriente continua. Pero todos tienen una característica en común: son relativamente silenciosos y no producen residuos, aunque hay que recordar que las pilas también son contaminantes.

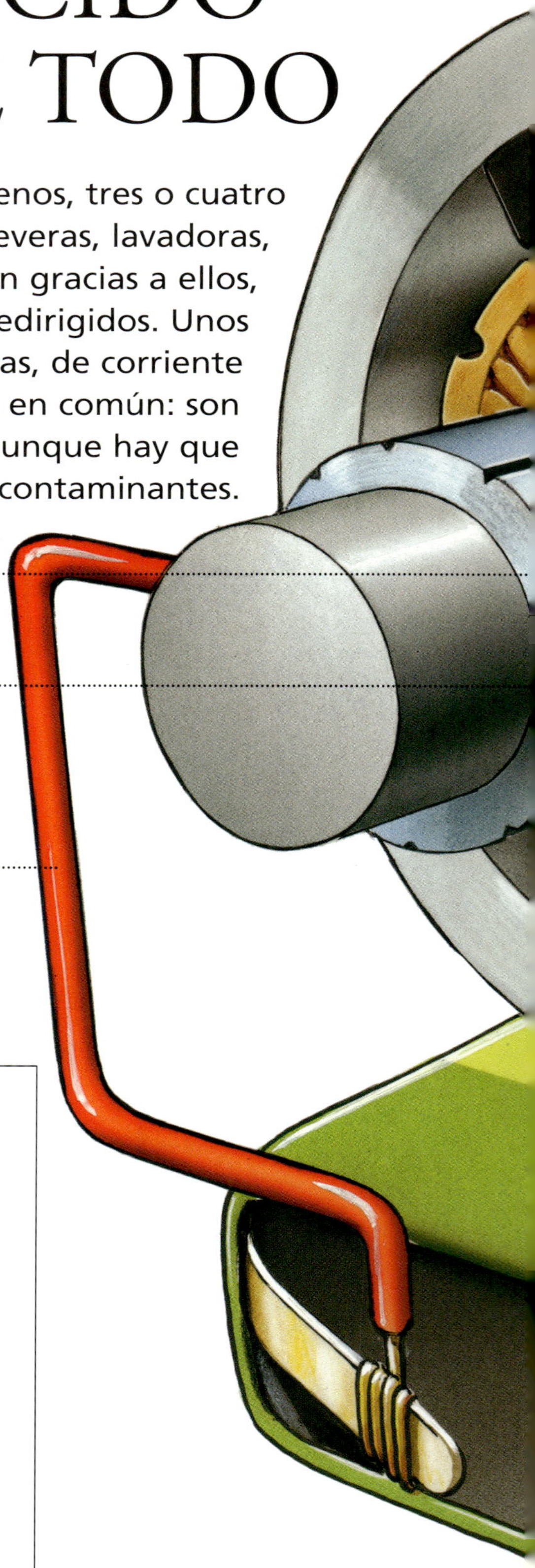

JOSEPH HENRY

Este físico estadounidense pensó que de la misma manera en que el francés Faraday había conseguido producir electricidad haciendo girar un disco en un campo magnético, se podía aprovechar la electricidad para producir movimiento, y para demostrarlo construyó el primer motor eléctrico en 1831.

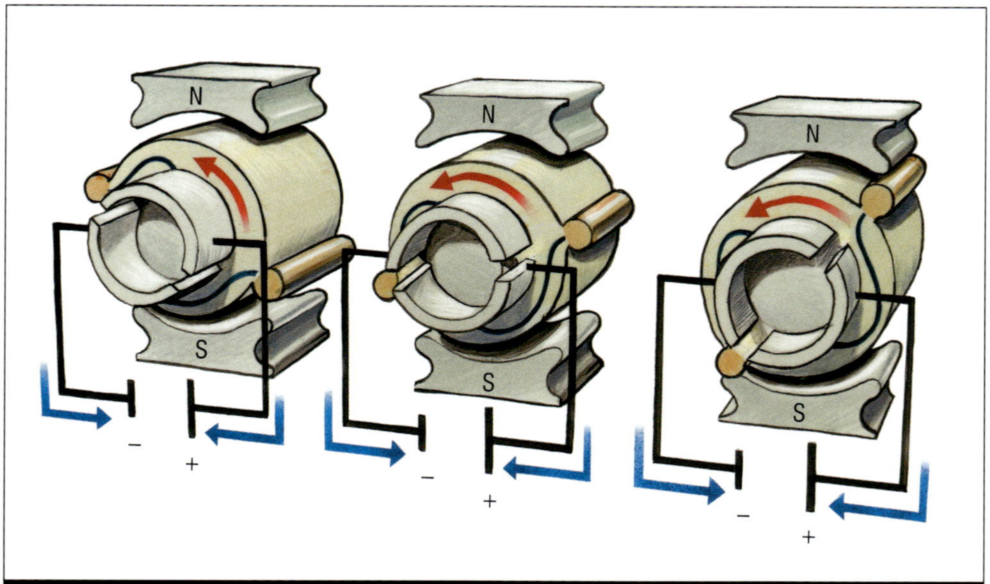

Mantener el sentido del giro

El papel del colector en un motor eléctrico de corriente continua consiste en invertir periódicamente la corriente que circula por la bobina del rotor para que la dirección de la fuerza motriz, y del giro del rotor, sea siempre la misma.

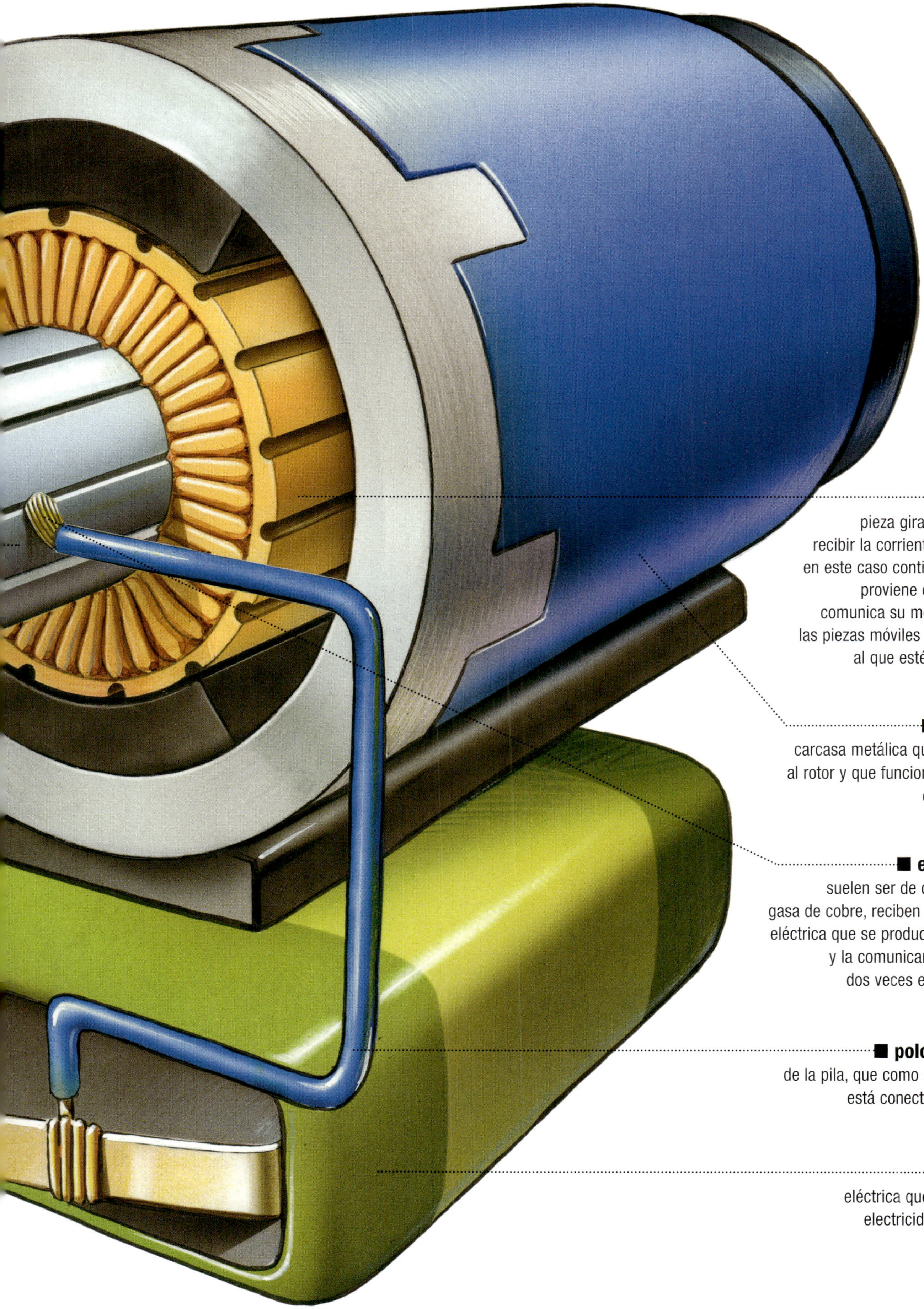

rotor
pieza giratoria que al recibir la corriente eléctrica, en este caso continua porque proviene de una pila, comunica su movimiento a las piezas móviles del aparato al que esté conectado

estator
carcasa metálica que envuelve al rotor y que funciona como un electroimán

escobillas
suelen ser de carbón o de gasa de cobre, reciben la corriente eléctrica que se produce en la pila y la comunican a la delga dos veces en cada giro

polo positivo
de la pila, que como el negativo, está conectado al rotor

pila
eléctrica que provee de electricidad al motor

EL EMPUJE
MÁS EFICAZ Y ECONÓMICO

Técnicamente más complicado que los motores de explosión, el motor Diesel tardó varias décadas en alcanzar su madurez. Primero se convirtió en el propulsor universal de los grandes vehículos de transporte navales y terrestres y de las máquinas autopropulsadas como los tractores o las excavadoras, pero en la actualidad los modernos motores Diesel son cada vez más usados en los automóviles familiares por su robustez, economía y durabilidad.

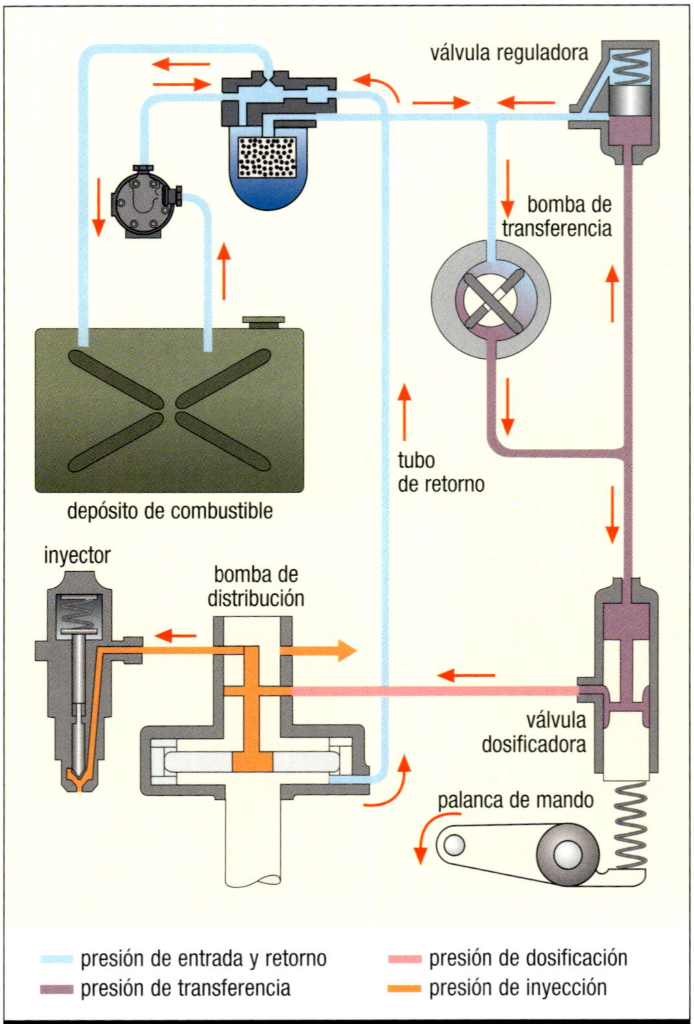

La pieza clave del concepto Diesel

La explosión en los cilindros del motor Diesel se produce cuando el inyector del combustible pulveriza el gasóleo a presión en el pequeño espacio en el que se encuentra aire comprimido a más de 500 °C, sin necesidad de chispa eléctrica, lo que requiere un complejo sistema de inyección.

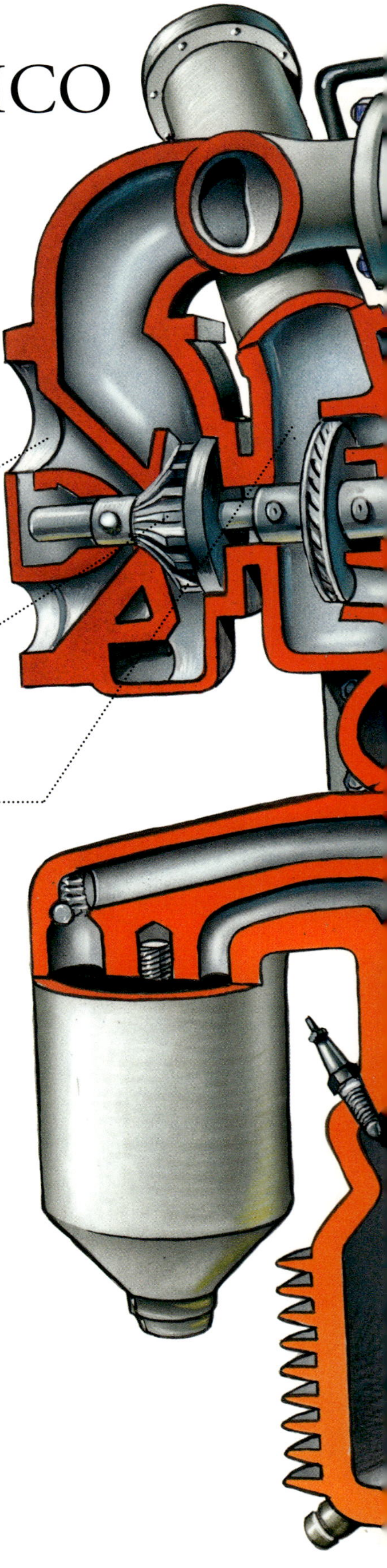

toma de aire del exterior para alimentar el compresor

compresor de aire que inyecta una cantidad fija de aire al turboalimentador

turboalimentador sistema encargado de introducir el aire a presión en cada cilindro

■ inyector
es una de las piezas clave de los motores Diesel. Se encarga de introducir combustible pulverizado a presión en cada uno de los cilindros

■ bomba
de distribución del combustible que está accionada por el propio motor y recibe el combustible desde una válvula dosificadora

■ empujador
que comunica el movimiento del árbol de levas al balancín de la bomba, mediante el eje que los une

■ pistón
pieza que se ajusta al cilindro y que se desplaza cuando se produce la explosión del combustible

■ árbol de levas

■ biela
pieza que transmite el movimiento ascendente y descendente de los pistones al cigüeñal

■ cigüeñal
árbol que convierte el movimiento lineal de los pistones en movimiento circular

RUDOLF DIESEL

Ingeniero francés de origen alemán, su familia se trasladó a Londres al estallar la guerra franco-prusiana de 1870, cuando él contaba doce años. Se matriculó en la Universidad Técnica de Munich en 1875, y en 1898 presentó en la feria de esa ciudad un prototipo de su motor de un cilindro y cuatro tiempos que generaba una potencia de 24,5 caballos.

LA REVOLUCIÓN DE LA PROPULSIÓN A CHORRO

Cuando a mediados del siglo XX aparecieron los primeros aviones propulsados por motores a reacción, el público menos informado, al que ya le había costado entender el vuelo de esos aparatos con motores de hélice, se quedó perplejo al contemplar aquellos ruidosos motores sin ninguna parte móvil visible, cuya única señal perceptible de actividad era el potente chorro de aire caliente que expulsaban y que justificaba el nombre de motor de propulsión a chorro.

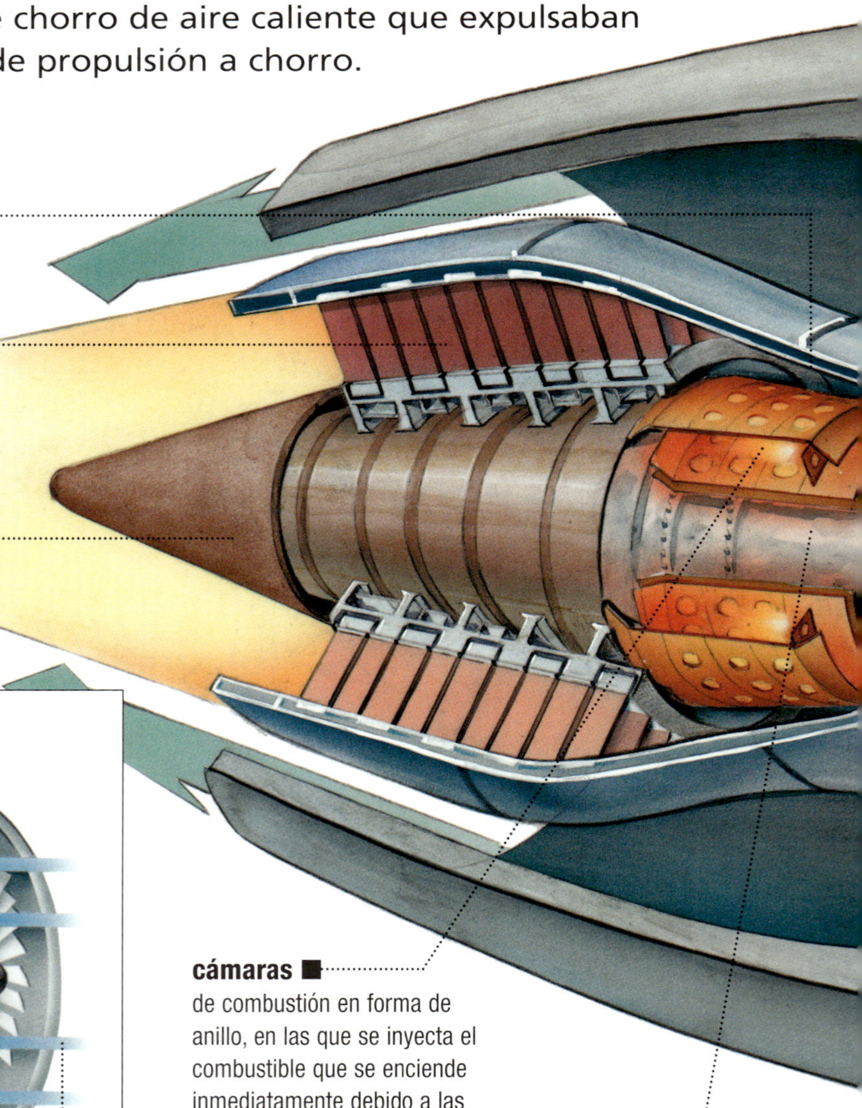

circuito de refrigeración por aire que mantiene el conjunto de las cámaras de combustión y las turbinas por debajo de los 900 °C

turbinas movidas por la corriente de gases recalentados producida en la cámara de combustión. Las más cercanas a ésta son de alta presión, mientras que las más exteriores soportan presiones inferiores

cono de cola, fabricado en material refractario para soportar mejor las altas temperaturas a que está sometido

cámaras de combustión en forma de anillo, en las que se inyecta el combustible que se enciende inmediatamente debido a las altas temperaturas que alcanza el aire comprimido

eje de alta presión que recibe directamente el movimiento de giro de las turbinas y lo transmite a los ejes intermedios. Está fabricado con una aleación refractaria

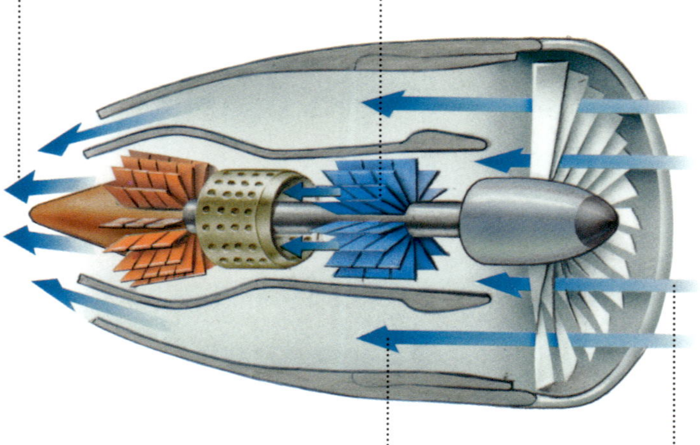

El viejo principio de las turbinas de gas

Los potentes turborreactores modernos aplican, utilizando la más moderna tecnología, los mismos principios que se describían en la patente de una turbina de gas de 1791. Esto significa que inyectan aire comprimido en una cámara de combustión para aprovechar la energía de los gases producidos para mover la turbina.

FRANK WHITTLE

Este piloto militar británico patentó en 1930 la combinación de una turbina de gas corriente y una tobera para impulsar un avión, el primer prototipo de motor turborreactor. En los primeros años de la década de 1940 volaron los primeros aviones propulsados por turborreactores, tanto los fabricados por Whittle, como los alemanes Heinkel y los norteamericanos Bell.

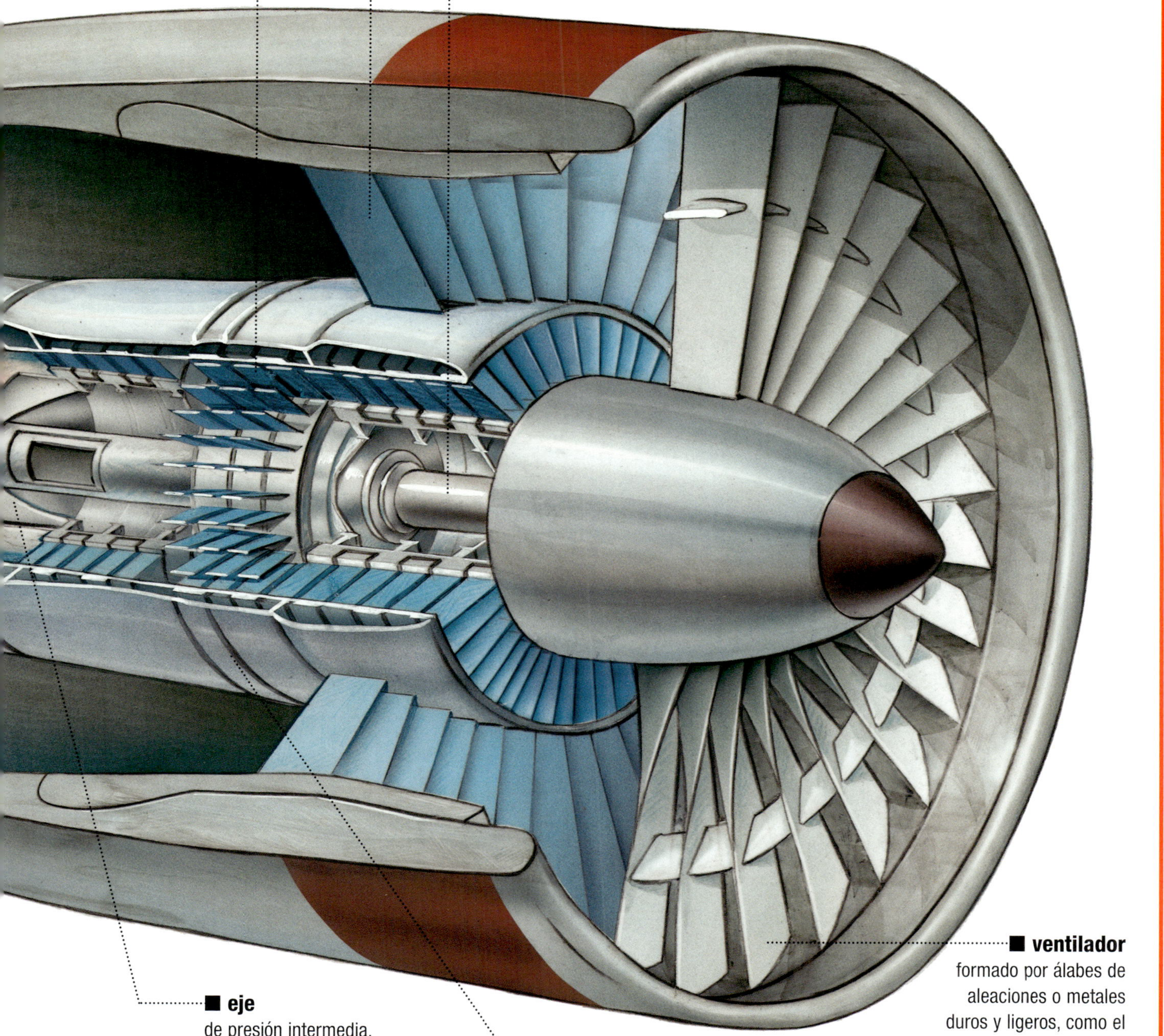

EL SECRETO DE LAS VIRUTAS

El torno es una máquina herramienta, es decir, un instrumento que se utiliza para modificar o dar forma a diversos materiales. Entre sus principales características cabe destacar que la pieza que se trabaja es la que se mueve, mientras la herramienta de corte permanece quieta, y que ésta trabaja sacando virutas. Desde los primitivos tornos egipcios, esta máquina no ha dejado de evolucionar, y aunque la apariencia de los modelos actuales es similar a los del siglo XIX, la electrónica y la informática los diferencia totalmente de aquéllos.

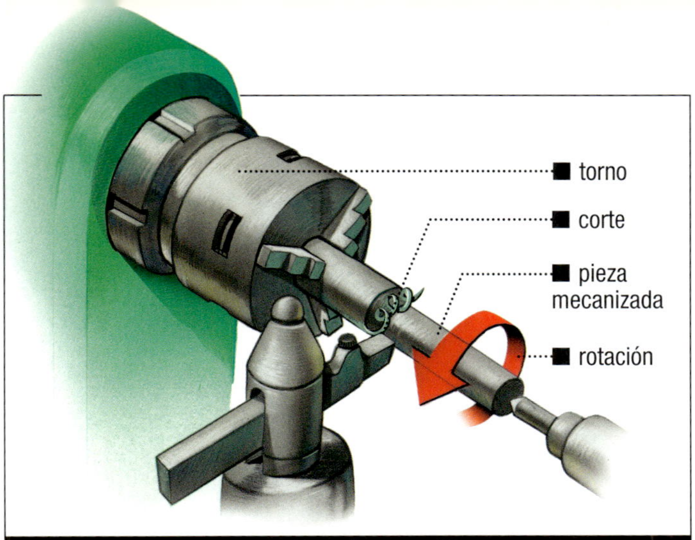

Un principio sencillo

Aunque los tornos revólver pueden montar cabezales que permiten realizar multitud de tareas sucesivas sin cambiar el portaherramientas, los tornos se emplean sobre todo para dar forma a piezas de madera o de metal y para producir roscas, tareas éstas que realizan a partir del rebajado de la pieza.

LA AUTOMATIZACIÓN DEL TORNO

El primer paso en la automatización del torno fue el copiador, que era capaz de repetir una pieza a partir de una plantilla, pero en la actualidad existen auténticos tornos automáticos que están controlados por ordenador.

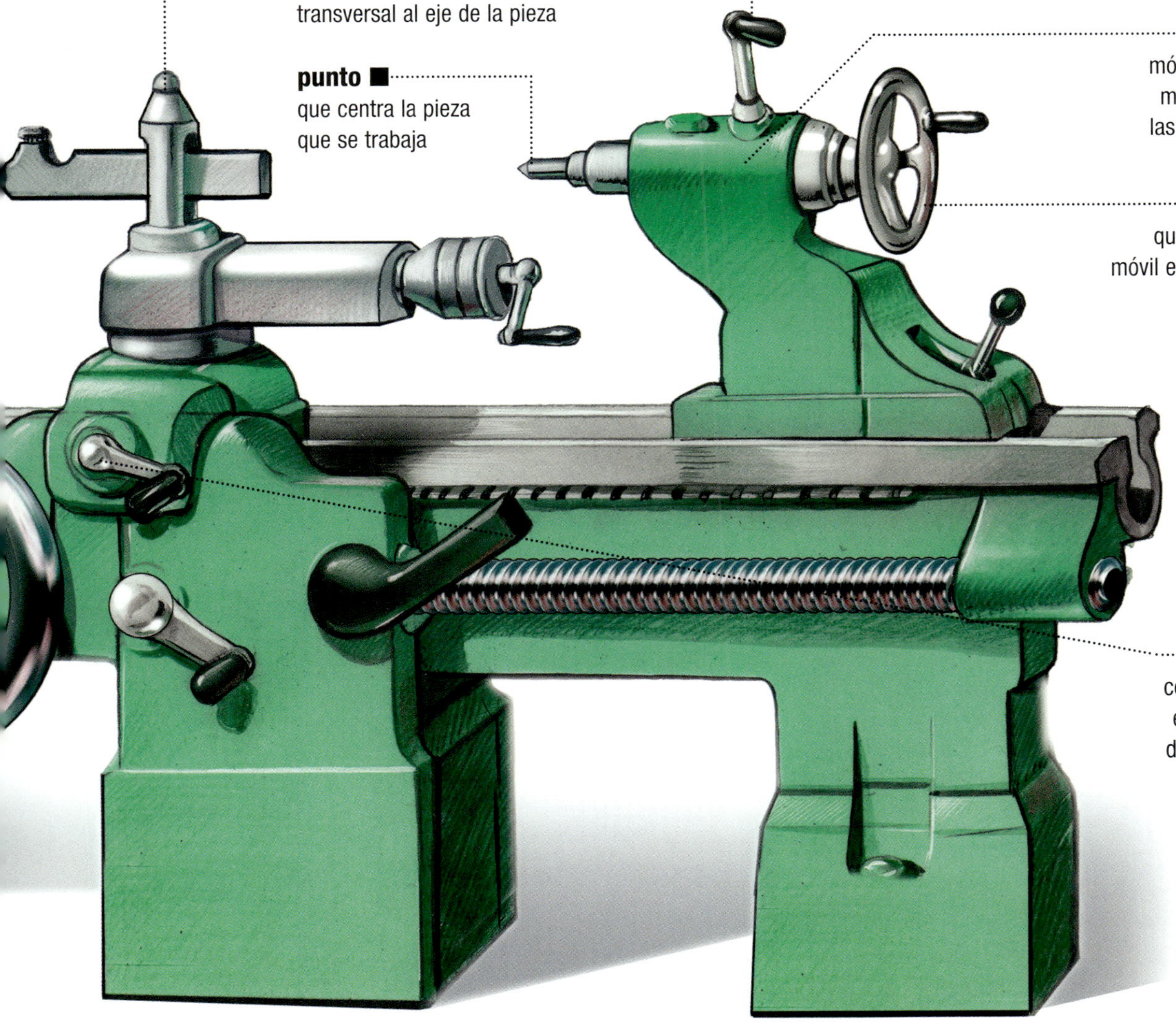

EL SÍMBOLO DE LA INDUSTRIALIZACIÓN AGRARIA

Aunque cuando se inventó el tractor fue fundamentalmente un sustituto de los animales de tiro, las sucesivas mejoras que se le han aplicado lo han convertido en una extraordinaria máquina polivalente. Así, es capaz de realizar una variadísima gama de labores agrarias que incluyen la labranza de la tierra, la siembra, el escardado, la aplicación de insecticidas, la siega de hierba, o el arrastre de máquinas especiales como cierto tipo de cosechadoras, entre otras muchas tareas.

faros delanteros

contrapesos necesarios, si tenemos en cuenta que toda la tracción del tractor se aplica sobre las grandes ruedas posteriores y que sin ellos el vehículo podría volcar

batería que generalmente suele ser de 12 voltios y que provee la energía eléctrica necesaria para el arranque, faros, etc.

LA POTENCIA HIDRÁULICA: NERVIO Y MÚSCULO DE LOS TRACTORES MODERNOS

Al principio se empleaban cilindros externos para levantar, bajar o voltear los aperos y otras labores semejantes, pero en la actualidad éstos suelen ir montados en el tractor, para lo que resultó decisiva la articulación de tres puntos desarrollada por Ferguson.

Más que centenario

Llamado motor agrícola, este Ivel de 1902 disponía de un motor monocilíndrico de dos tiempos que consumía una mezcla de queroseno y aceite lubricante. Sólo disponía de una marcha hacia delante y otra hacia atrás y la transmisión era de cadena.

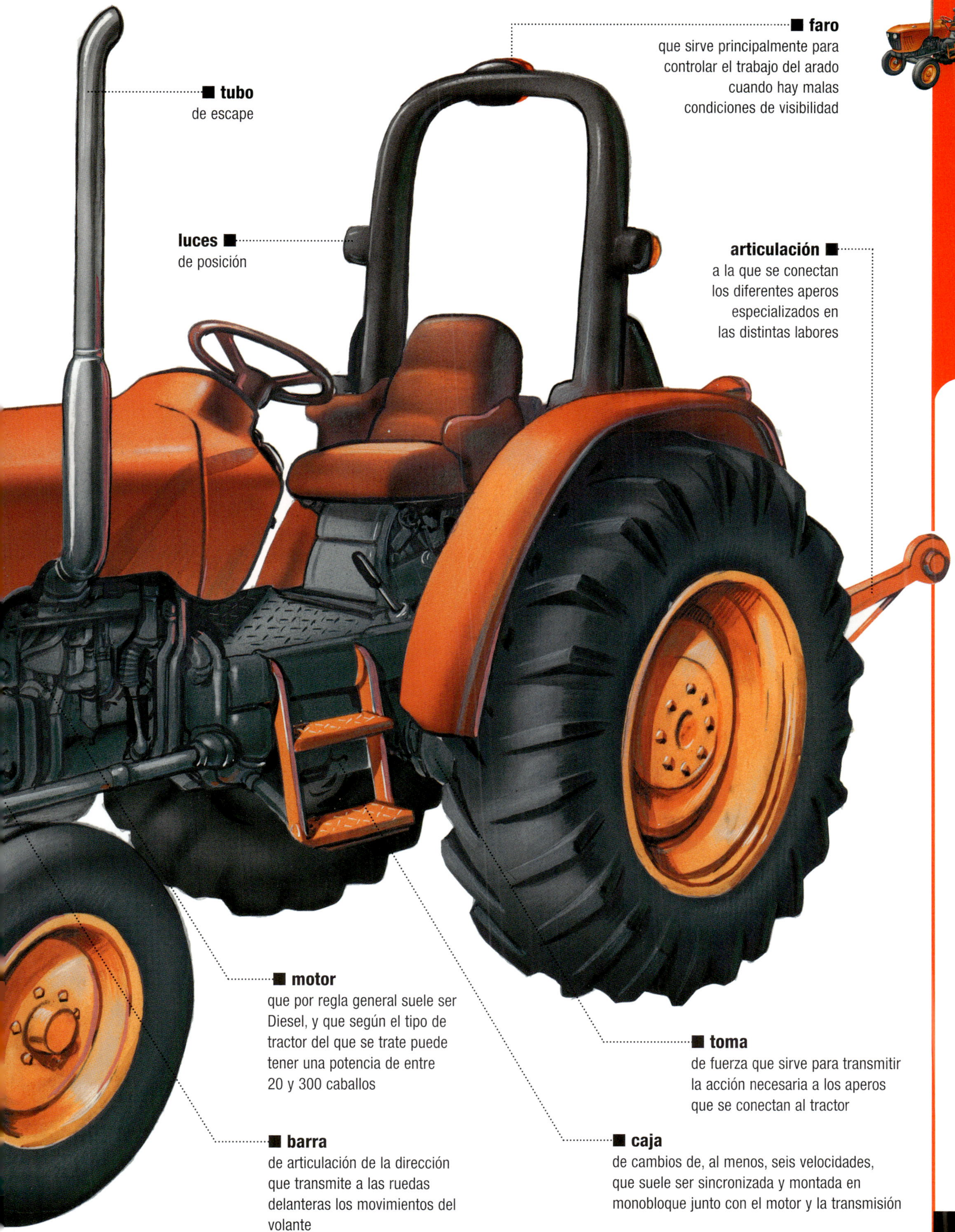

tubo de escape

faro que sirve principalmente para controlar el trabajo del arado cuando hay malas condiciones de visibilidad

luces de posición

articulación a la que se conectan los diferentes aperos especializados en las distintas labores

motor que por regla general suele ser Diesel, y que según el tipo de tractor del que se trate puede tener una potencia de entre 20 y 300 caballos

toma de fuerza que sirve para transmitir la acción necesaria a los aperos que se conectan al tractor

barra de articulación de la dirección que transmite a las ruedas delanteras los movimientos del volante

caja de cambios de, al menos, seis velocidades, que suele ser sincronizada y montada en monobloque junto con el motor y la transmisión

UN BRAZO IRRESISTIBLE

Entre las muchas máquinas herramienta manuales, el taladro eléctrico de uso doméstico quizá sea una de las más populares porque se utiliza en la mayoría de los hogares. En realidad se trata de un sencillo motor eléctrico, que monta en su extremo un sistema para sujetar los diferentes accesorios según el trabajo que se desee realizar. Algunos de los más modernos poseen adaptadores que, además de las brocas, permiten montar herramientas como lijadoras, pulidoras o sierras.

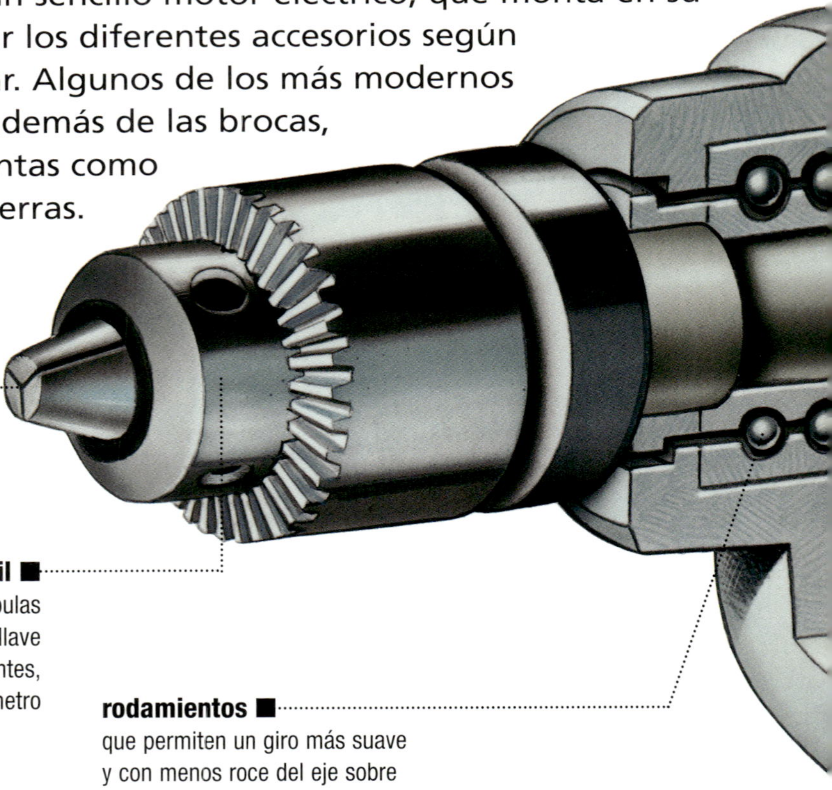

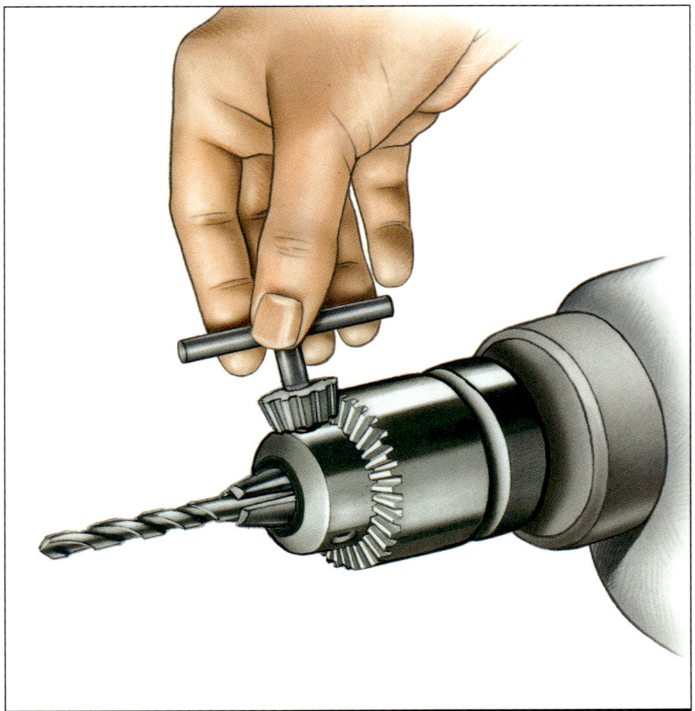

Sencillo e ingenioso

El sistema de sujeción de las brocas al taladro es un buen ejemplo de solución práctica, eficiente y sencilla. Con un mínimo giro de la llave especial se aflojan las mandíbulas del mandril, y si se aprieta con suavidad desde los tres orificios se consigue una fijación perfecta.

colector
pieza de material conductor encargada de mantener siempre el mismo sentido del giro, a pesar de que la corriente que recibe es alterna

escobillas
suelen estar fabricadas en carbono; estas piezas son las encargadas de transmitir a la delga del colector la corriente que reciben de la red

rodamientos
igual que los rodamientos delanteros, éstos disminuyen el rozamiento producido por el giro del motor

ventilador
que permite la refrigeración por aire del motor, que debido a la alta velocidad de giro tiende a recalentarse

devanado
de espiras de cobre del motor. Se trata de los hilos de cobre que recubren el estator del motor eléctrico

interruptor
de gatillo que sirve para detener o poner en marcha el taladro, cuando éste se encuentra enchufado a la corriente eléctrica

LA BROCA, LA AUTÉNTICA HERRAMIENTA

Se trata de espigas metálicas cuyas dos terceras partes son cilindros lisos y el último tercio es un helicoide con dos ranuras situadas al lado de los bordes cortantes. Las puntas y el tipo de material con que están fabricadas son distintos según sea el material que han de perforar.

LOS PODEROSOS MÚSCULOS METÁLICOS

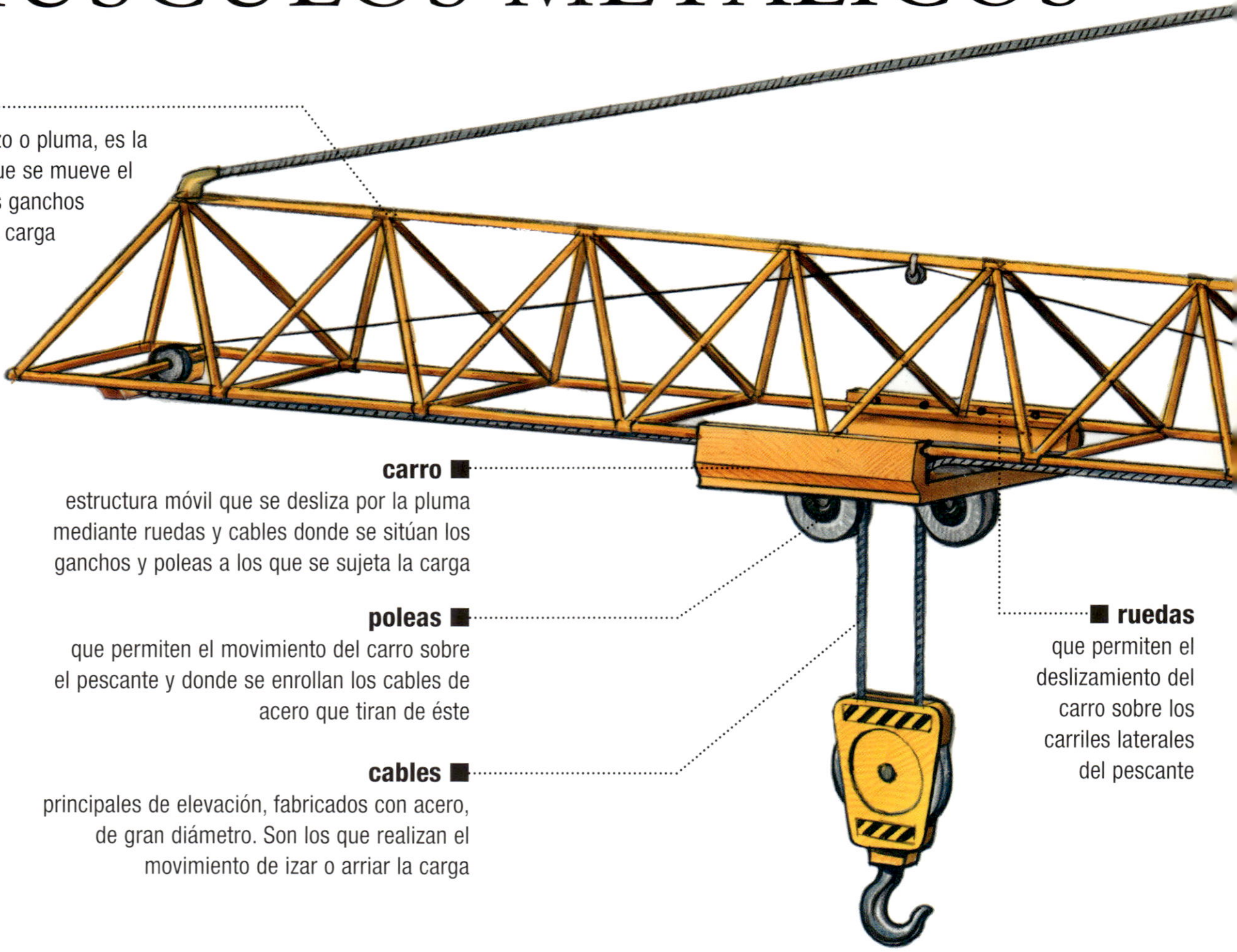

pescante ■
también llamado brazo o pluma, es la estructura sobre la que se mueve el carro donde están los ganchos a los que se sujeta la carga

carro ■
estructura móvil que se desliza por la pluma mediante ruedas y cables donde se sitúan los ganchos y poleas a los que se sujeta la carga

poleas ■
que permiten el movimiento del carro sobre el pescante y donde se enrollan los cables de acero que tiran de éste

cables ■
principales de elevación, fabricados con acero, de gran diámetro. Son los que realizan el movimiento de izar o arriar la carga

■ **ruedas**
que permiten el deslizamiento del carro sobre los carriles laterales del pescante

La necesidad de mover cargas pesadas de formas y tamaños muy diferentes y, en algunos casos, de elevarlas a alturas considerables, ha propiciado el desarrollo de grúas también muy diferentes entre sí. Las grúas de pescante o de pluma son las que suelen poblar como pequeños bosques las zonas en construcción de pueblos y ciudades, pero también las hay de puente, en el interior de las naves industriales, y autopropulsadas, que se adaptan a diferentes funciones.

Lo que casi nunca se ve

Así como los pescantes y la parte superior de las torres de las grandes grúas pueden verse desde grandes distancias, la base sobre la que se sustentan casi siempre queda oculta por otras partes de la obra en la que trabajan. Destacan por su tamaño los grandes bloques de hormigón que sirven de contrapeso.

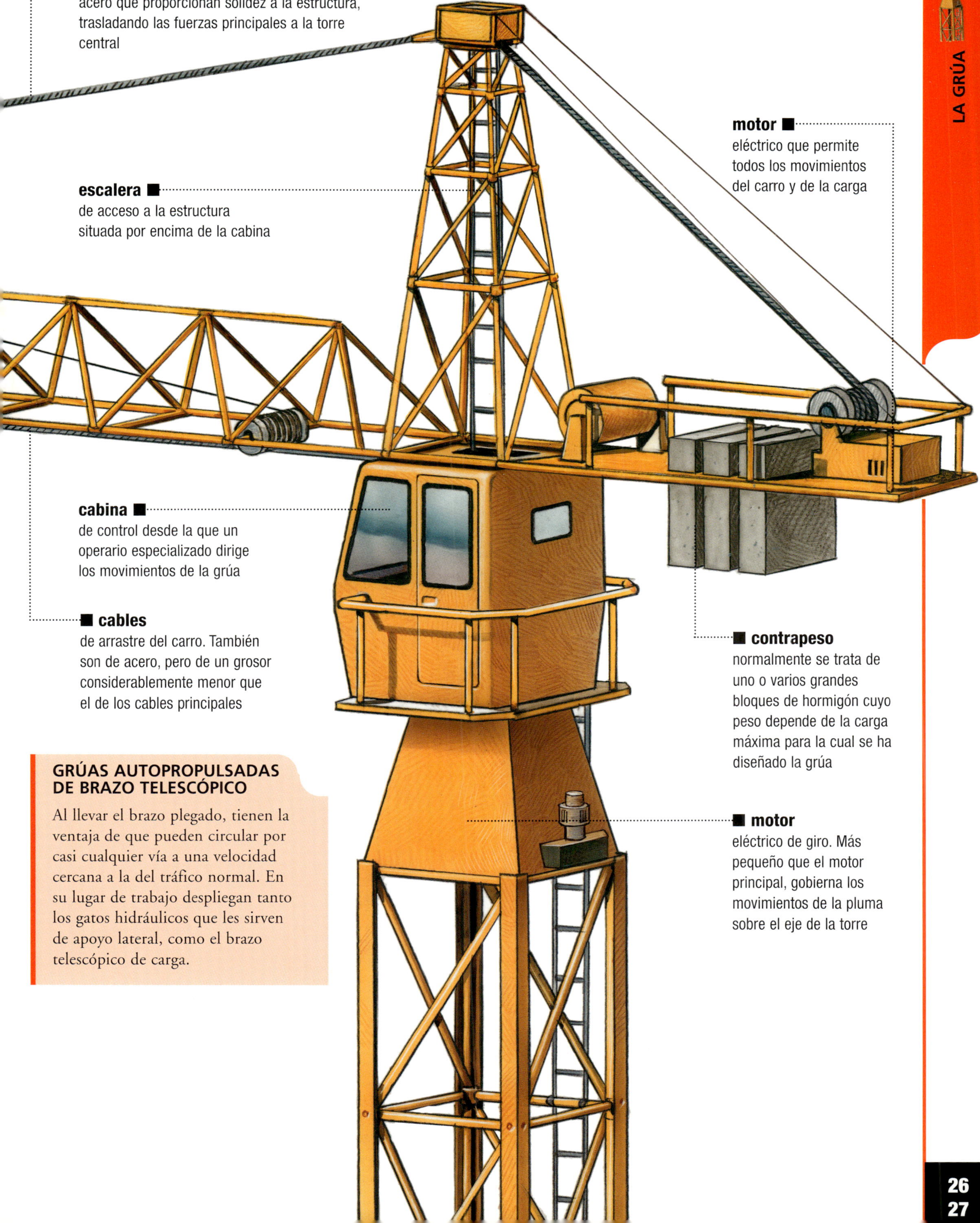

■ **tirantes**
del voladizo del pescante. Gruesos cables de acero que proporcionan solidez a la estructura, trasladando las fuerzas principales a la torre central

escalera ■
de acceso a la estructura situada por encima de la cabina

motor ■
eléctrico que permite todos los movimientos del carro y de la carga

cabina ■
de control desde la que un operario especializado dirige los movimientos de la grúa

■ **cables**
de arrastre del carro. También son de acero, pero de un grosor considerablemente menor que el de los cables principales

■ **contrapeso**
normalmente se trata de uno o varios grandes bloques de hormigón cuyo peso depende de la carga máxima para la cual se ha diseñado la grúa

■ **motor**
eléctrico de giro. Más pequeño que el motor principal, gobierna los movimientos de la pluma sobre el eje de la torre

GRÚAS AUTOPROPULSADAS DE BRAZO TELESCÓPICO

Al llevar el brazo plegado, tienen la ventaja de que pueden circular por casi cualquier vía a una velocidad cercana a la del tráfico normal. En su lugar de trabajo despliegan tanto los gatos hidráulicos que les sirven de apoyo lateral, como el brazo telescópico de carga.

UNA MÁQUINA ANTIQUÍSIMA, TODAVÍA EN USO

Existen restos de telas de más de seis mil años de antigüedad, lo que indicaría que los primeros telares ya se empleaban hacia el año 4500 a.C. Los modernos telares automáticos son herederos de los que se empleaban en Europa hacia el siglo XIV, que se convirtieron en telares mecánicos en el siglo XIX, porque las acciones que llevan a cabo para tejer la tela siguen las mismas pautas de los telares manuales de esa época.

EL TELAR MÁS PRIMITIVO

La forma más sencilla de telar consiste en unos palos clavados en el suelo que sostienen los hilos de urdimbre, pero los hilos de trama han de pasarse manualmente uno por uno. Hace miles de años se inventaron maderas para mantener dos grupos de hilos separados, lo que se conoce como formar calada, y en la Edad Media se inventaron las mallas y los lizos.

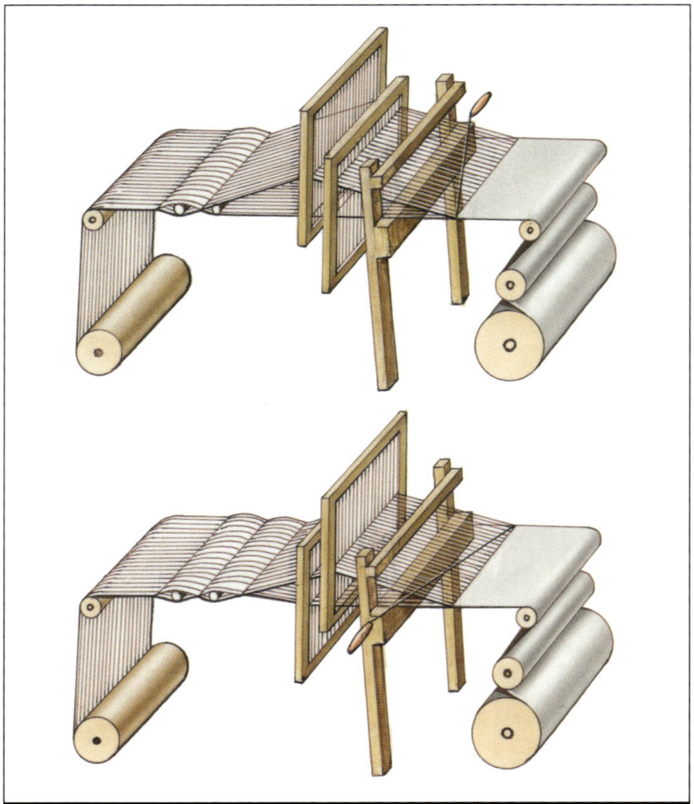

Una operación ingeniosa

En esencia, tejer se reduce a intercalar hilos de trama entre los hilos de urdimbre. Los telares evitan tener que realizar esta repetitiva operación a mano. Para ello han de separar dos hilos de urdimbre, haciendo subir uno y bajando otro, para poder pasar entre ellos el hilo de trama.

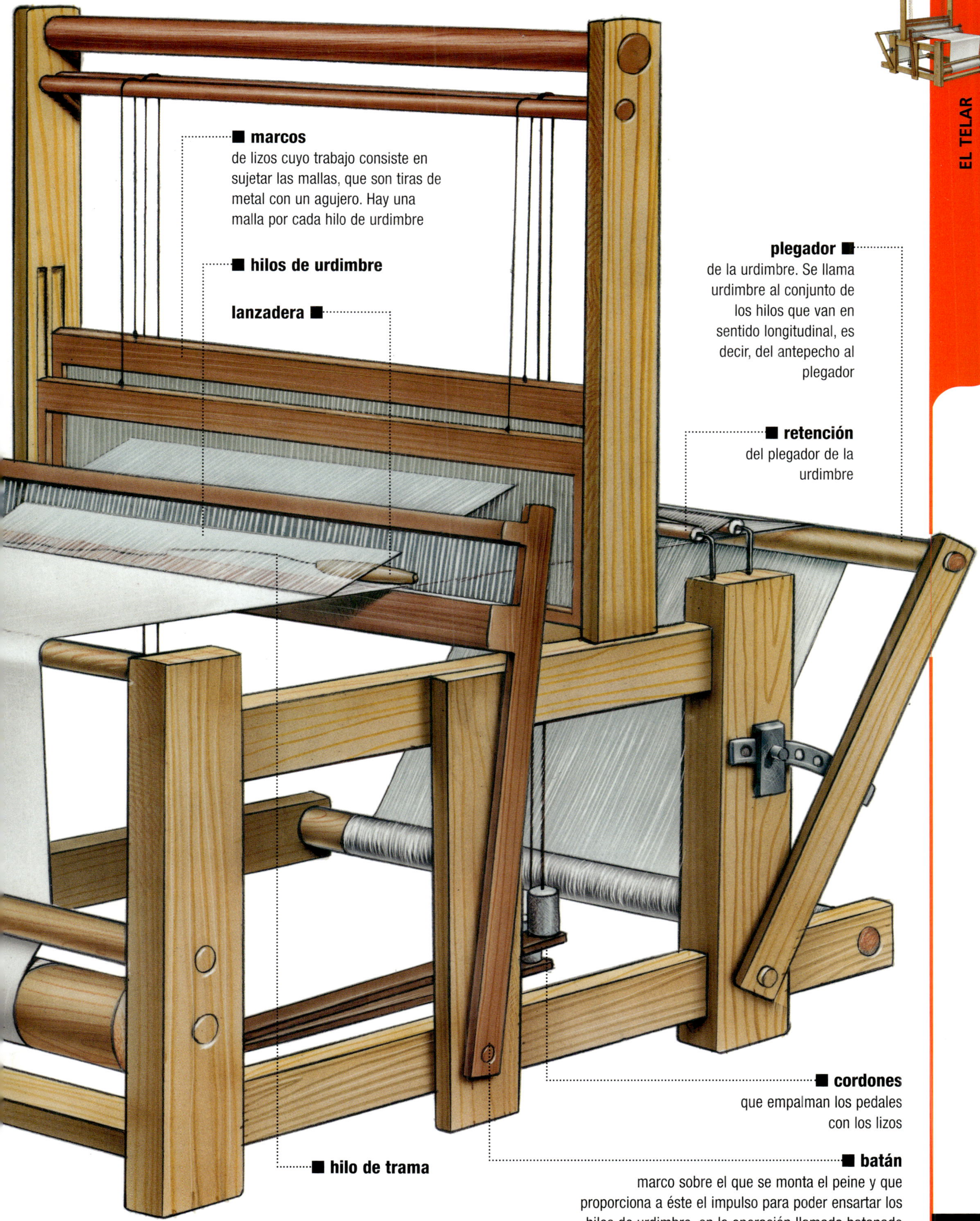

marcos
de lizos cuyo trabajo consiste en sujetar las mallas, que son tiras de metal con un agujero. Hay una malla por cada hilo de urdimbre
hilos de urdimbre
lanzadera
plegador
de la urdimbre. Se llama urdimbre al conjunto de los hilos que van en sentido longitudinal, es decir, del antepecho al plegador
retención
del plegador de la urdimbre
cordones
que empalman los pedales con los lizos
hilo de trama
batán
marco sobre el que se monta el peine y que proporciona a éste el impulso para poder ensartar los hilos de urdimbre, en la operación llamada batanado

GLOSARIO

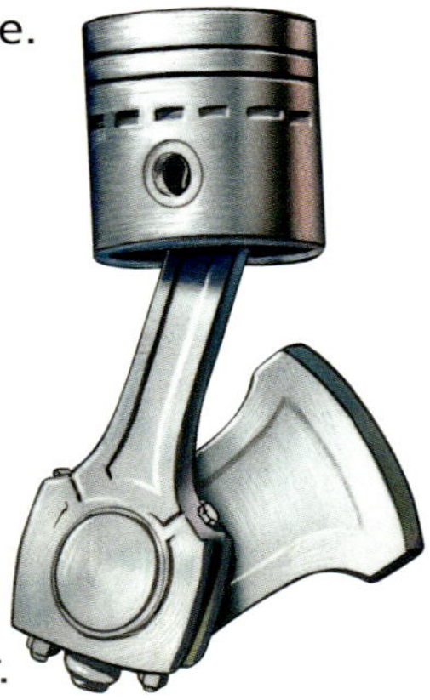

Álabe	Se designa así cada una de las paletas curvadas de las turbinas que reciben la fuerza del vapor o del líquido que las mueve.
Caballos de potencia	O caballo de vapor (CV). Unidad para medir la energía en el sistema británico que equivale a 745,7 watt. El caballo de vapor métrico equivale a 753,5 watt.
Cigüeñal	Pieza alargada, llamada árbol, alrededor del cual gira un codo o manivela.
Condensación	Proceso físico por el cual un gas se convierte en líquido.
Delga	Cada una de las laminillas de cobre que forman el colector.
Electroimán	Pieza metálica que funciona como imán no permanente cuando la corriente eléctrica circula por ella.
Engranaje	Conjunto de piezas dentadas que encajan unas con otras con el fin de aumentar o disminuir la velocidad de giro.
Esfuerzo	Fuerza de tracción (estiramiento) o de compresión a la que está sometida una pieza.
Espira	Cada una de las vueltas del hilo de cobre que constituye el devanado de un motor o generador eléctrico.
Gasóleo	Derivado del petróleo menos refinado que la gasolina.
Monobloque	En un solo bloque. Montado en conjunto con otras partes.
Polea fija	Polea que solamente gira pero no se desplaza. Sólo sirve para tirar de la cuerda con mayor comodidad.
Polea móvil	Polea que, además de girar, se desplaza por la cuerda, permitiendo un menor esfuerzo.
Rebajar	Eliminar materia.
Rpm	Revoluciones por minuto. Cantidad de vueltas que se dan en ese período de tiempo.
Turbina	Dispositivo que transforma el movimiento de los fluidos como el agua o los gases, en movimiento giratorio.
Voltio	Unidad que se usa para medir la diferencia de potencial eléctrico. Las baterías pueden ser de 6 o 12 voltios, mientras que la corriente eléctrica llega a los hogares europeos a 220 voltios y a los americanos a 115 voltios.

PARA SABER MÁS

Motores especiales

LOS PRIMEROS MOTORES DE AVIACIÓN

Tras buscar entre muchos motores de automóvil que resultaban demasiado pesados, los hermanos Wright acabaron por fabricar su propio motor que, aunque era más liviano que cualquier otro de su misma potencia, todavía resultaba demasiado pesado. El primer motor viable de aviación lo construyó Charles Manly en 1904 y tenía una relación peso/potencia de 1,68 kg/CV.

El motor rotativo

En 1907 se fabricó por primera vez un motor en el que el cárter y los cilindros giraban alrededor de un cigüeñal fijo, de modo que la hélice conectada directamente a la parte frontal del cárter giraba en unión con éste. Al tener menos piezas que los motores clásicos pesaba menos que éstos y podía ser refrigerado por aire, lo que reducía aún más el peso.

El motor radial

Eran motores de avión cuyos cilindros, estáticos, se disponían de modo que formaran un círculo y eran refrigerados por el aire de la hélice. Destaca uno, construido por Jaguar en 1918, que contaba con catorce cilindros.

MOTORES PARA MOTOS

Motor de dos tiempos

El motor de dos tiempos debe introducir la mezcla de aire y combustible en el cilindro, comprimir ésta, hacerla explotar mediante una chispa eléctrica y expulsar los gases resultantes, en un solo movimiento de vaivén del pistón. Su problema principal es que el barrido de los gases es incompleto, por lo que resultan más ruidosos y contaminantes que los de cuatro tiempos. Estos motores se mejoran gracias al montaje de pistones opuestos que funcionan en direcciones contrarias pero que comparten la cámara de combustión. Asimismo, deben estar dotados de un turbosobrealimentador, que aprovecha la energía de los gases expulsados para introducir aire en el cilindro.

El motor Wankel

Aunque no fue pensado para equipar exclusivamente a las motocicletas, las aplicaciones más conocidas del motor Wankel son las de impulsar algunos potentes modelos de estos vehículos de dos ruedas.
Este motor tiene un rotor de forma triangular redondeada que gira dentro de una cámara que semeja un 8. Dentro del orificio central del rotor hay una corona dentada que gira alrededor de una rueda dentada más pequeña que, a su vez, da vueltas en torno a un centro fijo. Esta original y complicada disposición complicó al principio su fabricación, pero superados estos inconvenientes, sólo tuvo que disminuir el excesivo consumo de combustible para imponerse por su simplicidad mecánica, pequeño volumen y peso, y por la suavidad de su marcha.